Sekav Joshua Ikwe
Stephen Akule
Tivsue Godfrey Bunde

Propriedades ópticas do ZnS dopado com Cu para células solares

Sekav Joshua Ikwe
Stephen Akule
Tivsue Godfrey Bunde

Propriedades ópticas do ZnS dopado com Cu para células solares

Imprint

Any brand names and product names mentioned in this book are subject to trademark, brand or patent protection and are trademarks or registered trademarks of their respective holders. The use of brand names, product names, common names, trade names, product descriptions etc. even without a particular marking in this work is in no way to be construed to mean that such names may be regarded as unrestricted in respect of trademark and brand protection legislation and could thus be used by anyone.

Cover image: www.ingimage.com

This book is a translation from the original published under ISBN 978-620-8-06518-8.

Publisher:
Sciencia Scripts
is a trademark of
Dodo Books Indian Ocean Ltd. and OmniScriptum S.R.L publishing group

120 High Road, East Finchley, London, N2 9ED, United Kingdom
Str. Armeneasca 28/1, office 1, Chisinau MD-2012, Republic of Moldova, Europe
Printed at: see last page
ISBN: 978-620-8-15556-8

Propriedades ópticas do ZnS dopado com Cu para células solares

Ikwe, Sekav Joshua

Joseph Sarwuan Universidade de Tarka Makurdi, Nigéria

Joshua.sekav@uam.edu.ng

+234 816 926 3400

Estêvão Akule

Direção dos Cuidados de Saúde Primários do Estado de Benue, Nigéria

stephenakule@yahoo.com

+234 703 513 989

&

Bunde Tivsue Godfrey

E-G Agribusiness and Ventures, Gboko, Nigéria

godfreybunde@gmail.com

+234 706 636 0805

Resumo

As películas finas Cu/ZnS foram depositadas com êxito pelo método de deposição por banho químico, utilizando acetato de zinco e acetato de cobre como fonte de Zn^{+2} e Cu^{+2} . As películas finas de Cu/ZnS foram depositadas em substratos de vidro. As películas depositadas foram caracterizadas utilizando o espetrómetro JENWAY UV-vis. Os intervalos de banda ótica das películas de Cu/ZnS foram caracterizados utilizando a relação de Tauc e obtidos como sendo de 3,24 eV. A transmitância das películas também foi observada como sendo elevada (cerca de 60%). Observou-se também que os filmes têm um pico de absorção máximo a 0,20 au (20%). Os resultados da análise mostraram que o Cu/ZnS é adequado para utilização em aplicações optoelectrónicas, sensores, LEDs, células solares, etc.

Palavras-chave: Filmes finos de Cu/ZnS, Deposição por banho químico, Espectrómetro UV-vis JENWAY, Intervalos de banda ótica, Aplicações optoelectrónicas

NOTA DO EDITOR

Neste título conciso mas informativo, o foco está no aspeto crucial da investigação das propriedades ópticas do ZnS dopado com cobre com uma aplicação específica em mente - células solares. A inclusão de "Investigação" dá o mote para uma exploração pormenorizada das propriedades ópticas do material, destacando o inquérito científico e a investigação envolvidos.

A menção de "ZnS Doped with Copper" (ZnS dopado com cobre) clarifica os principais componentes em estudo, indicando a importância da dopagem com cobre na alteração das caraterísticas ópticas do ZnS. Este facto indica aos leitores e aos investigadores que o estudo se debruça sobre a intrincada relação entre estes materiais, oferecendo perspectivas de potenciais avanços nas tecnologias de células solares.

Além disso, a referência a "Aplicações de Células Solares" no título não só sublinha as implicações práticas da investigação, como também sugere o contexto mais alargado da sustentabilidade e das energias renováveis. Ao especificar a aplicação pretendida dos resultados, este título serve de guia para os interessados na intersecção das propriedades ópticas, ciência dos materiais e inovação em energia solar.

Ayongur Aondoakura Joseph

Ayongur Green Field Resources and Enterprise, Abuja, Nigéria

ayongur15@gmail.com

Editor

Índice

CAPÍTULO 1: INTRODUÇÃO

1.1 Antecedentes do estudo

Nas últimas décadas, as partículas semicondutoras de tamanho nanométrico têm atraído um enorme interesse de investigação devido às suas excelentes propriedades dependentes do tamanho, ópticas, eléctricas e estruturais, entre outras, em comparação com a sua existência a granel (Chavan, *et al.*, 2018). Eles formam uma classe absolutamente nova de materiais com aplicações potenciais no campo da tecnologia e da indústria modernas (Myneni et al., 1998). Para além disso, as nanopartículas semicondutoras dopadas têm um enorme potencial de utilização em aplicações de emissão de luz. Estas propriedades dos nanocristais fazem deles um candidato muito promissor para aplicações optoelectrónicas, de fotocatálise, etc. O sulfureto de zinco (ZnS), um semicondutor composto do grupo II-VI com um grande intervalo de banda de 3,7 eV, bem como um índice de refração, cristaliza em estruturas cúbicas e hexagonais, dependendo dos procedimentos de síntese e do tratamento térmico e químico (Borah, *et al*, 2008: Madelung, 1992; Bai, *et al*, 2006).

Uma limitação do ZnS é que ele só pode absorver fótons na faixa de luz UV devido ao seu amplo intervalo de banda; portanto, ele precisa ser dopado através do aumento da eficiência da camada em entidades como um filme tampão ou janela na célula solar (Nikzad *et al.*, 2019). ZnS e ZnS: Cu são utilizados comercialmente como catálise (Fukuoka, *et al.,*2007, Trewyn, et al., 2007), fósforo e também em dispositivos de eletroluminescência de película fina (Yang, *et al.*, 2001). As nanopartículas de ZnS na sua forma dopada e co-dopada com metais de transição e de transição interna têm recebido muita atenção como uma classe de materiais particularmente luminescentes.

Diferentes iões metálicos, tais como Cu, Ni, Co, Fe, Mn, Pb, Co, Cd, Eu e Sm, etc., dopados com ZnS, têm sido estudados por muitos investigadores devido às suas extensas propriedades de fotoluminescência (PL) (Nguyen, *et al.*, 2004). As propriedades ópticas de vários nanocristais dopados com ZnS e as potenciais aplicações destes materiais luminescentes têm sido relatadas por diferentes grupos (Murugadoss, *et al.*, 2012).

A dopagem controlada de ZnS permite modificar ou melhorar propriedades desejáveis, tais como o comprimento de onda de emissão e a energia de bandgap. Al, Cu, In são alguns dos elementos relatados para dopagem de ZnS, dependendo da emissão de cor desejável (Nagamani, *et al.*, 2012; Akhtar, *et al.*, 2015; Ummartyotin, *et al.*, 2012). Diferentes métodos para obter filmes dopados com ZnS, tais como co-precipitação química húmida (Al-Rasoulf, *et al.*, 2013; Viswanath, *et al.*, 2014), rota hidrotérmica (Rashad, *et al.*, 2010), passivação de superfície (Yang, *et al.*, 2005), spincoating (Wang, *et al.*, 2014), reação em estado sólido (Nien, *et al*, 2009), e técnica de deposição por banho químico (CBD) (Long, *et al.*, 2014; Merzouka, *et al.*, 2014) foram relatados, entre estes métodos, (CBD) oferece certas vantagens sobre outros métodos devido à eficácia e grande área de deposição de filmes com boa qualidade e alta pureza (Iwashita, *et al*, 2012).

1.1 Declaração do problema

Recentemente, os nano candidatos a semicondutores com um grande intervalo de banda têm atraído a comunidade científica devido às suas propriedades dependentes do tamanho e às suas diversas aplicações (Fang, *et al.*, 2011). A maioria das aplicações de dispositivos optoelectrónicos exige um intervalo de banda larga que não pode ser obtido a partir de semicondutores compostos simples. Por conseguinte, a dopagem de ZnS oferece oportunidades para atrair e explorar as propriedades ópticas do ZnS.

1.2   Finalidade e objectivos do estudo

1.2.1   Objetivo

O objetivo deste estudo é investigar as propriedades ópticas da nanoestrutura de ZnS dopada com Cu para aplicações em células solares utilizando a técnica CBD.

1.2.2   Objectivos do estudo

Os objectivos do presente estudo são;

i.   Preparar concentrações de ZnS e Cu utilizando o método CBD.

ii.   Depositar películas finas de ZnS: Cu numa lâmina de vidro utilizando CBD

iii.   Estudar as propriedades ópticas das películas finas de ZnS: Cu

1.3   Importância do estudo

T resultados deste trabalho de investigação encontrarão aplicações em optoelectrónica, díodos emissores de luz (LED), células solares, sensores, etc.

1.4   Âmbito e limitações do estudo

Esta investigação limita-se às propriedades ópticas de filmes finos de Cu: ZnS utilizando a técnica de CBD.

CAPÍTULO 2: REVISÃO DA LITERATURA

2.1 Semicondutores de películas finas de ZnS

Um semicondutor é um material que tem uma condutividade eléctrica entre um condutor e um isolador. Existem dois tipos básicos de semicondutores. O semicondutor intrínseco e o semicondutor extrínseco. O material semicondutor intrínseco é um semicondutor geralmente em estado puro. O semicondutor extrínseco (também chamado semicondutor impuro) é um semicondutor ao qual são normalmente adicionadas impurezas para produzir um estado desejado. Os semicondutores do tipo N e do tipo P são semicondutores extrínsecos aos quais foram adicionadas diferentes impurezas. Os semicondutores extrínsecos são produto de dopagem. O processo de adição de uma certa quantidade de impurezas a um semicondutor é designado por dopagem (Efros, *et al.,* 2005).

Nos últimos tempos, o estudo dos semicondutores a granel foi substituído pelo estudo das películas finas. As películas metálicas finas produzidas sobre vidro foram das primeiras a ser exploradas para fins ópticos. Os materiais semicondutores de sulfureto de zinco (ZnS), um candidato entre os semicondutores de película fina, têm um enorme potencial de aplicação tanto na forma de película fina como na forma de película a granel, especialmente em células solares, optoelectrónica, sensores e aplicações recentes em eletroluminescência e LED, devido ao seu amplo intervalo de energia de cerca de 3,6eV, elevada estabilidade térmica e índice de refração razoável (Shinde, *et at.,* 2011; E. Schlam, 1973; Liao, *et al.,* 1999).

2.2 Comentários sobre películas finas de ZnS: Cu

Bian *et al.*, 2008, adoptaram o método CBD para formar películas finas de ZnS que foram depositadas em substratos de vidro a uma temperatura de 80-82 °C. Quando a deposição da película estava em curso, adicionaram os agentes complexantes, nomeadamente amoníaco ou hidrato de amoníaco-hidrazina; estes agentes influenciaram a qualidade das películas depositadas e o substrato estava em condições de vibração. Os autores relataram o papel do hidrato de hidrazina no crescimento de películas finas de ZnS. Melhorou a homogeneidade e a taxa de crescimento das películas. Além disso, a adição de hidrato de hidrazina deu origem a alguns grãos brancos de película. As propriedades físicas e ópticas das películas preparadas foram caracterizadas utilizando XRD, SEM (Scanning Electron Microscopy) e espetroscopia UV-Vis. A partir da análise XRD, verificou-se que a amónia-hidrazina era um melhor agente complexante em comparação com outros agentes e mostrou uma estrutura de cristalização hexagonal com pico de difração (008). As películas de ZnS preparadas exibiram boas propriedades ópticas com elevada transmitância (**~80%**) na região do visível e o valor do intervalo de banda foi estimado na gama de 3,5-3,70eV.

MuthuKumaran *et al.*,2011, de acordo com esta pesquisa, o filme fino de sulfeto de zinco dopado com cobre foi depositado em substrato de vidro por uma rota de síntese de solução de pH neutro muito simples pela técnica de deposição de banho químico. A concentração de cobre foi variada entre 0 e 0,1 M%. O tema principal deste trabalho de investigação foi o estudo do efeito da espessura da película nas propriedades ópticas e estruturais. Os estudos de absorção ótica mostraram que a energia do band gap dos filmes de ZnS: Cu diminui de 3,68 para 3,43eV à medida que a espessura varia de 318,3 para

334,1nm. A estimativa estrutural mostra a variação do tamanho das partículas de 2,67 para 3,14nm com a espessura. Verificou-se que as caraterísticas e a concentração do dopante são responsáveis pela eficiência das nanopartículas semicondutoras.

A alteração da espessura da película de ZnS sem Cu (318,3nm) para uma concentração de 0,001M% de Cu é de 8,5nm. Esta alteração para 0,001 a 0,1M% foi de 2,8nm.

Gallantief al. **2016**, desenvolveu uma nova técnica de banho para a preparação da deposição fotoquímica de filmes finos de ZnS no substrato CIGSe para aplicações em células solares. Eles estudaram o efeito do tempo de deposição na espessura dos filmes depositados e relataram o crescimento dos filmes com três estágios viz,

i)   um tempo de indução no início do processo em que não se regista qualquer crescimento observável,

ii)   uma região aproximadamente linear e

iii)   uma fase de terminação em que não ocorre mais crescimento. Estudaram a morfologia das películas de ZnS preparadas, depositadas num substrato de CIGSe em 25 minutos, e obtiveram uma película homogénea de ZnS com uma espessura de 20 nm. Também estudaram as propriedades optoelectrónicas das células solares preparadas com o tempo de deposição variando entre 10 e 50 minutos. Optimizaram a eficiência para uma taxa de tempo de deposição entre 25 e 30 minutos. Assim, relataram que o método tem uma maior eficiência para a preparação de células solares.

González-Chan *et al.* **2017**, analisaram o processo físico-químico de filmes finos de sulfeto de zinco (ZnS) por deposição de banho químico (CBD). Eles investigaram o desempenho da solução de ZnS contendo cloreto de zinco, hidróxido de potássio, nitrato de amónio e tioureia. Estes compostos químicos permitiram a análise físico-química da deposição de películas finas de ZnS. Em seguida, as curvas de solubilidade e os diagramas de distribuição de espécies foram utilizados para obter as melhores condições para a deposição de película fina de ZnS e as várias concentrações das temperaturas do banho na faixa de 25 a 90^0 C em diferentes taxas de tempo de deposição (González-Panzo *et al.* 2014). Os resultados indicaram a necessidade de ajustar a concentração da solução de tioureia de acordo com a temperatura do banho; esta ajuda a formação da deposição de película fina de ZnS de modo a contribuir com quantidades suficientes de iões de enxofre na solução do banho.

Dhamasekaranei al., **2017**, filmes nanoestruturados de ZnS foram depositados usando o método simples de pirólise por pulverização. Neste método, a temperatura de reação foi de 400 ° C. O padrão XRD confirmou a natureza policristalina dos filmes finos nanoestruturados de ZnS. O tamanho médio cristalino da película depositada foi calculado em 3,48nm. As imagens FESEM confirmaram que a película depositada se formou como partículas semelhantes a esferas. O intervalo de energia de banda direta ótica da película depositada foi de 3,5eV e o material apresentava um intervalo de banda larga. O espetro de fotoluminescência mostrou o pico emissivo em 475nm e 530nm, respetivamente. Os resultados desta investigação confirmam o facto de as películas finas de ZnS serem adequadas para aplicações optoelectrónicas.

Patel *et al.*, 2018; Khatri *et al.*, 2018, investigaram as propriedades de filmes finos de ZnS depositados em substrato de vidro usando a técnica CBD a 70° C temperatura do banho com o efeito de pós-recozimento a 350° C temperatura por 1 hora. O XRD confirmou a fase hexagonal para as películas finas de ZnS, tanto as crescidas como as recozidas. A análise TGA mostrou que a temperatura de 350^0 C é adequada para o processo de recozimento da película fina de ZnS e a medição ótica mostrou que a transmitância da película se situava na gama de 5-35% na região do visível. Além disso, as películas têm um "bandgap" direto, que aumentou de 3,80 para 4,18 eV com o recozimento a 350^0 C durante 1 hora. Finalmente, referiram que os materiais podem ser potencialmente utilizados em dispositivos de eletroluminescência e células fotovoltaicas. Para a dopagem em ZnS, foram desenvolvidas películas finas preparadas para um grande número de aplicações.

2.3 Tecnologia de películas finas e técnicas de deposição.

Uma película fina é uma camada de material que varia entre uma fração de um nanómetro e vários micrómetros. As películas finas e os dispositivos de película fina desempenham um papel importante no desenvolvimento da ciência moderna. Diz-se que um material sólido está na forma de película fina quando cresce como uma camada fina sobre um substrato sólido através da condensação controlada das espécies atómicas, moleculares ou iónicas individuais, quer por processos físicos quer por reacções ultra-químicas. A película fina é formada por um processo de condensação átomo a átomo ou molécula a molécula. O ato de aplicar ou depositar uma película fina sobre uma superfície ou substrato é designado por deposição de película fina.

As técnicas de deposição são a tecnologia de aplicação de uma película muito fina de material entre alguns nanómetros e cerca de 100 micrómetros, ou a espessura de alguns átomos, sobre uma superfície de substrato a revestir. Os processos de fabrico por deposição de película fina estão no centro da atual indústria de semicondutores, dos painéis solares e dos dispositivos ópticos (Brown *et al.*, 2014)

Basicamente, as técnicas de deposição de película fina são puramente físicas, como os métodos evaporativos, ou puramente químicas, como os processos químicos em fase gasosa e líquida. Um número considerável de processos baseados em descargas incandescentes e pulverização reactiva combinam reacções físicas e químicas; estes processos sobrepostos podem ser classificados como métodos físico-químicos. Para produzir os dispositivos, são utilizados vários materiais de película fina, o seu processamento de deposição e técnicas de fabrico. É possível classificar estas técnicas de duas formas.

* Deposição Física de Vapor (PVD)

* Deposição química de vapor (CVD)

Nas últimas décadas, várias técnicas de deposição, como a deposição por banho químico (CBD), a sublimação a curta velocidade, a evaporação térmica, a pirólise por pulverização, a deposição por pulverização catódica, etc., têm sido utilizadas na deposição de películas finas. De entre os vários métodos disponíveis para a síntese de películas finas, o método de deposição em banho químico tem várias vantagens e é amplamente utilizado para a deposição de películas finas porque é relativamente barato, conveniente para a deposição em grandes áreas e permite ajustar as propriedades das películas finas através do ajuste e controlo dos parâmetros de deposição (Sachin, *et al.*, 2013).

2.4 Princípio da técnica CBD

A técnica de deposição por banho químico é também conhecida como técnica de crescimento ou precipitação controlada. É o nome dado a uma variedade de técnicas que produzem películas de compostos sólidos inorgânicos e não metálicos num substrato através da imersão do substrato numa solução precursora, normalmente aquosa. A deposição por banho químico é o método mais antigo de deposição de películas num substrato. A deposição por banho químico (CBD) tem maior valor comercial do que a evaporação térmica ou a pulverização catódica e tem atraído a atenção dos investigadores actuais devido à sua simplicidade, conveniência, replicabilidade, escala de grandes áreas e produção comercial (Bode,1966).

A técnica de deposição por banho químico oferece um meio de produzir intensivamente amostras de grandes áreas, utilizando uma tecnologia facilmente adaptável à produção industrial. As propriedades do material depositado podem ser variadas e controladas através da otimização adequada dos banhos químicos e das condições de deposição (Ndukwe, 1992; Ezema e Okeke, 2003).

A deposição de película fina pelo processo CBD envolve três etapas:

(i)   criação de espécies atómicas/moleculares/iónicas,

(ii)   transporte destas espécies através de um meio, e

(iii)   condensação das espécies.

O princípio básico envolvido na síntese de películas finas pelo método do banho químico é a precipitação controlada do composto desejado a partir de uma solução dos seus constituintes. O produto iónico deve exceder o produto de solubilidade, o que leva à formação de películas finas em substratos por condensação iónica (Chopra & Das, 1983). A deposição por banho químico produz películas estáveis, aderentes, uniformes e duras, com boa reprodutibilidade, através de um processo relativamente simples. O crescimento de películas finas depende fortemente das condições de crescimento, tais como a duração da deposição, a temperatura da solução, a natureza topográfica e química do substrato.

A deposição por banho químico tem muitas vantagens, incluindo baixo custo, fácil configuração, adequada para grandes deposições a baixa temperatura do banho.

2.4.1 Conceito de solubilidade e produto iónico

O mecanismo básico subjacente ao método CBD baseia-se na solubilidade relativa do produto. A uma dada temperatura, quando o produto iónico (IP) dos reagentes excede o produto de solubilidade (K_{sp}), ocorre precipitação. Por outro lado, se o produto iónico for inferior ao produto de solubilidade, a fase sólida produzida dissolver-se-á de novo na solução, não havendo precipitação líquida (Das e Chopra, 1983). O principal conceito necessário para compreender o mecanismo da CBD é o do produto de solubilidade (K_{sp}). O produto de solubilidade indica a solubilidade de um sal pouco solúvel. O sal solúvel AB(s) quando colocado em água, obtém-se uma solução saturada contendo iões A^+ e B^-

em contacto com o sólido AB não dissolvido e o equilíbrio é obtido como:

$$AB(s) \leftrightarrow A^+ + B^- \qquad (2.0)$$

Aplicação da lei da ação de massas,

$$K = \frac{[A+][B-]}{AB} \qquad (2.1)$$

Por conseguinte, o produto de solubilidade é;

$$K_{sp} = [A^+][B^-] \qquad (2.2)$$

2.5 Factores que afectam a técnica de CBD

Basicamente, o método de deposição por banho químico é utilizado para preparar películas finas a partir de catiões com iões sulfureto, seleneto e telureto. As propriedades das películas finas podem ser controladas por diferentes condições de deposição, tais como PH, temperatura do banho, natureza do substrato, agente complexante e tempo de deposição.

2.5.1 Efeito da temperatura do banho

A taxa de reação química no banho também pode ser influenciada pela temperatura do banho. À medida que a temperatura aumenta, a dissociação do complexo aumenta, pelo que a energia cinética das moléculas também aumenta, levando a uma maior interação entre os iões e à subsequente deposição nos centros de nucleação de volume do substrato (Al-Jawad, *et al.*, 2013). Isto resultará no aumento ou diminuição da espessura do terminal, dependendo da extensão da super saturação da solução do banho. A agitação basicamente coloca partes frescas do solvente em contacto com o soluto e as partículas são forçadas a ligar-se e a presença de temperatura auxilia todo o processo para obter os resultados desejados (Carrillo-Castillo, *et al.*, 2013).

2.5.2 Efeito do tempo de deposição

O tempo de deposição afecta a deposição de películas finas pelo método CBD. Tem uma grande influência nas propriedades estruturais, morfológicas e ópticas das películas finas. (Hone, *et al.*, 2014), mostrou que o tempo de deposição influenciou fortemente as orientações preferenciais dos cristalitos, bem como os parâmetros estruturais, como o tamanho médio dos cristalitos, a deformação e a densidade de deslocação das películas finas. Em geral, o crescimento de películas finas de semicondutores de boa qualidade pela técnica de deposição por banho químico prossegue a um ritmo lento. Taxas de deposição mais elevadas e espessuras de película mais elevadas são normalmente acompanhadas de depósitos pulverulentos e de uma ausência de reflexão especular. (Nair, *et al.*, 1998), estudou intensivamente o efeito do período de deposição na espessura da película, fixando todos os outros parâmetros para diferentes películas finas de semicondutores e, na maioria dos casos (nem sempre), a espessura da película aumenta com o tempo de deposição.

2.5.3 O efeito do agente complexante

Os agentes complexantes são ligandos, que são adicionados ao banho químico para controlar a disponibilidade do catião livre através do equilíbrio termodinâmico. A concentração do agente complexante é normalmente ajustada em conjunto com a do sal metálico para obter as propriedades desejadas da película, como a taxa de deposição, a adesão e a rugosidade (Opasanont, *et al.*, 2015). Na técnica CBD, o processo depende da libertação lenta de iões calcogenetos para uma solução alcalina/ácida na qual o ião metálico livre é tamponado a uma concentração baixa (O'Brien, *et al.*, 1998). A formação da película ocorre pela combinação de iões metálicos libertados da fonte de iões metálicos complexos e da fonte de calcogenetos. Os agentes complexantes ajudam a limitar a hidrólise do ião metálico e conferem alguma estabilidade ao banho, caso contrário este sofre hidrólise rápida e precipitação (Barote, *et al.*, 2011). Normalmente, formam complexos com iões metálicos utilizados para aumentar a estabilidade do banho, controlar a taxa de deposição e aumentar a qualidade das películas.

2.5.4 A natureza do substrato

A natureza do substrato é outro fator importante que desempenha um papel importante na cinética da reação, uma vez que um substrato é um meio no qual ocorre uma reação química ou o reagente numa reação que fornece uma superfície para absorção. É uma base sobre a qual ocorre um processo. O vidro é um dos substratos mais utilizados com uma adesão diferente no CBD, mas os metais também são bons substratos. Foi também depositada uma grande variedade de películas finas de CBD em diferentes superfícies de polímeros. Por vezes, a deposição é satisfatória sobre o polímero limpo, tendo sido utilizados vários tratamentos de ativação, como o tratamento com permanganato, para melhorar a adesão e a homogeneidade (Pramanik, *et al.*, 1987). A natureza do substrato é geralmente importante para a obtenção de uma película aderente (Mane, *et al.*, 2000). Os substratos rugosos são melhores neste aspeto, provavelmente devido à grande área de superfície de contacto e à possibilidade de manter o depósito nos poros do substrato. Para além da limpeza e do tipo de substrato, a sua separação durante a deposição tem um efeito significativo na espessura da película, pelo que o substrato deve ser devidamente limpo com um procedimento normalizado antes de ser imerso na mistura reagente.

2.5.5 A influência do PH

A taxa de reação, bem como a taxa de deposição, depende da condição de supersaturação e da taxa de formação de metais (M) e iões O-/'OH- (X), respetivamente. Se a concentração de iões hidroxilo OH- na solução for mais elevada, a concentração de iões metálicos será menor e a taxa de reação será lenta (Hankare, et al., 2006). A um determinado pH, a concentração do ião M diminui para um nível tal que o produto iónico de M e X se torna inferior à solubilidade de MX e não se forma uma película. Para o crescimento de películas finas de boa qualidade, são necessários os iões hidroxilo na solução precursora. A formação da película fina depende do pH da mistura de reação e o pH depende dos iões OH-. A diminuição do pH resulta em películas finas porosas, não reflectoras, pulverulentas e fracamente aderentes aos substratos. A um pH mais elevado, a concentração de iões metálicos será menor e a taxa de reação será lenta (Hone, *et al.,* 2015). Quando um aumento do pH faz diminuir a concentração de iões metálicos, a taxa de formação de película diminui (Yadav, *et al.,* 2011; Hankare, *et al.,* 2006).

2.6 ZnS: Semicondutores de Cu e suas aplicações

O sulfureto de zinco (ZnS) é um importante semicondutor do grupo II-VI que tem atraído uma atenção crescente devido às suas potenciais aplicações na nova geração de dispositivos nano-electrónicos e electrónicos. As propriedades físicas e químicas do ZnS têm uma qualidade excecional para diferentes aplicações. O ZnS dopado com Cu e vários elementos está a criar uma nova era tanto para a investigação académica como para as aplicações industriais. O ZnS é aplicável em dispositivos optoelectrónicos, díodos emissores de luz ultravioleta, ecrãs planos, eletroluminescência e sensores. Também é adequado para aplicações em células solares, revestimentos decorativos solares (Kassim, *et al.*, 2010), fotocatálise e dispositivos ópticos não lineares.

2.7 Técnicas de análise da composição de películas finas

Existem várias técnicas para determinar a composição de filmes finos. Para mencionar apenas algumas, temos: difração de raios X (XRD), espetrofotómetro UV-Vis, SEM (Microscopia Eletrónica de Varrimento), difração de raios X por dispersão de energia, TEM (Microscopia Eletrónica de Transmissão), espetroscopia de infravermelhos, etc.

2.7.1 Difração de raios X (XRD)

A análise/técnica de difração de raios X é uma técnica não destrutiva que fornece informações detalhadas sobre a estrutura cristalográfica, a composição química e as propriedades físicas de um material. Se incidirmos radiação electromagnética em cristais, cada átomo do cristal dispersa individualmente parte da radiação. A radiação possui um comprimento de onda na gama de cerca de 10^{-2} nm a 10nm, uma vez que tem um comprimento de onda mais curto do que a luz visível. A DRX provou ser muito eficaz para examinar o mundo microscópico dos átomos, porque para comprimentos de onda mais curtos dos raios X parece não haver materiais eficazes para utilizar como lentes. Na DRX, os raios X gerados são colimados e dirigidos para uma amostra de nanomaterial, onde a interação dos raios incidentes com a amostra produz um raio difractado, que é depois detectado, processado e contado. Os átomos de cristal dispersam os raios X incidentes principalmente através da interação com os electrões do átomo. Um conjunto regular de dispersões produz um conjunto regular de ondas esféricas. Na maioria das direcções, estas ondas anulam-se mutuamente através de interferência destrutiva, no entanto, adicionam-se construtivamente em algumas direcções específicas, tal como determinado pela lei de Bragg;

$$2d\sin\Theta = n\lambda \qquad\qquad (2.4)$$

Onde d é o espaçamento entre os planos difractores, θ é o ângulo de incidência, n é o número inteiro e λ é o comprimento de onda. Assim, a lei de Bragg dos cristais consiste num conjunto regular de átomos, cada um dos quais pode dispersar ondas electromagnéticas. Um feixe monocromático de raios X que incida sobre um cristal será espalhado em todas as direcções no seu interior.

Para que a difração ocorra, a lei de Bragg deve satisfazer a condição de interferência construtiva; o ângulo de dispersão comum deve ser igual ao ângulo de incidência. Em segundo lugar, a separação entre os dois planos deve ser igual ao múltiplo inteiro do comprimento de onda, n=1,2,3..., d é a distância entre os dois planos.

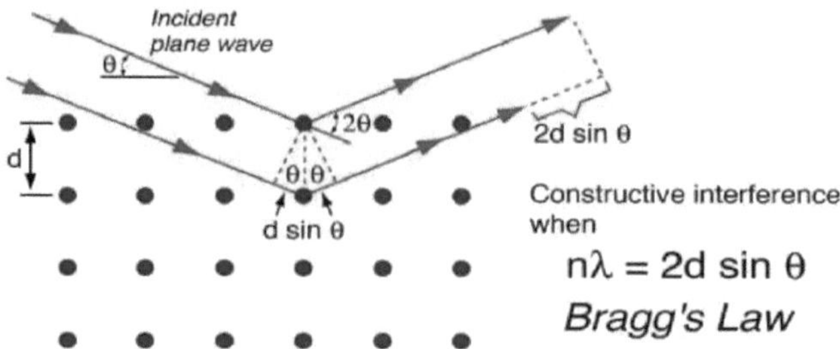

FIG 1: Dispersão de raios X de um cristal cúbico

2.7.2 Microscopia eletrónica de varrimento

Na microscopia eletrónica de varrimento (MEV), um feixe de electrões é focado numa pequena sonda e é restaurado ao longo da superfície de uma amostra. À medida que os electrões penetram na superfície, ocorrem várias interações com a amostra que resultam na emissão de electrões ou fotões. Estas partículas emitidas podem ser recolhidas com o detetor apropriado para obter informações valiosas sobre o material. Um feixe de electrões é formado pela Fonte de Electrões e acelerado em direção à amostra utilizando um potencial elétrico positivo. O feixe de electrões é confinado e focado através de aberturas metálicas e lentes magnéticas, formando um feixe fino, focado e monocromático. Os electrões do feixe interagem com os átomos da amostra, produzindo sinais que contêm informações sobre a topografia da superfície, a composição e outras propriedades eléctricas. Estas interações e efeitos são detectados e transformados numa imagem. O resultado mais imediato da observação no microscópio eletrónico de varrimento é a visualização da forma da amostra. A resolução é determinada pelo diâmetro do feixe.

O Microscópio Eletrónico de Varrimento funciona exatamente como os seus homólogos ópticos, exceto que utiliza um feixe focalizado de electrões em vez de luz para "formar imagens" da amostra e obter informações sobre a sua estrutura e composição. Com luz suficiente, o olho humano sem ajuda pode distinguir dois pontos separados por 0,2 mm. Se os pontos estiverem mais próximos, aparecerão como um único ponto. Esta distância é designada por poder de resolução ou resolução do olho. Os microscópios de electrões foram desenvolvidos devido às limitações dos microscópios de luz, que são limitados pela física da luz. Os microscópios de electrões são capazes de ampliações muito maiores e têm um maior poder de resolução do que um microscópio de luz, permitindo ver objectos muito mais pequenos a nível subcelular, molecular e atómico.

Os componentes do SEM incluem: coluna de electrões, canhão de electrões, lentes de condensador, aberturas, sistema de varrimento, câmara de amostras, etc.

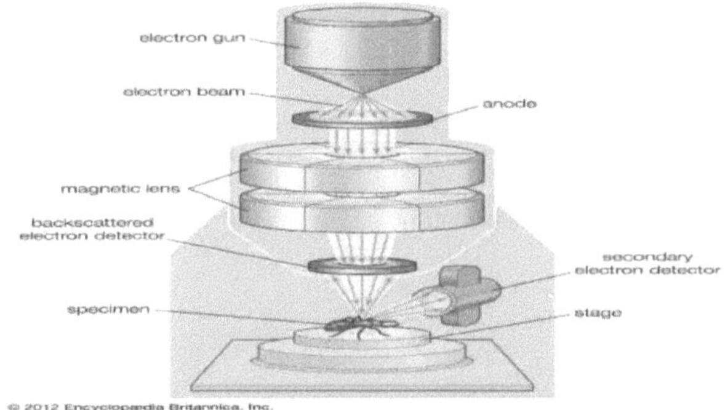

FIG 2: microscópio eletrónico de varrimento

2.8 Propriedades ópticas e sólidas de películas finas

As propriedades ópticas e sólidas medidas incluem: transmitância (T), absorvância (A), reflectância (R) e coeficiente de absorção (α).

Outros incluem o índice de refração constante ótico (n) e o coeficiente de extinção (K), a constante dieléctrica (ε) e a condutividade ótica.

2.8.1 Transmitância(T)

A transmitância (T) é uma medida da quantidade de luz que passa através de uma substância. Quanto maior for a quantidade de luz que atravessa, maior é a transmitância. A transmitância (T) de uma amostra é definida como a razão entre a intensidade da luz incidente e a intensidade da luz transmitida por um corpo. Se I_0 é a intensidade da luz incidente e I a intensidade da luz transmitida, então;

$$T = \frac{I}{I_0} \qquad (2.5)$$

2.8.2 Absorvância(A)

A absorvância (A) mede a quantidade de luz incidente que é absorvida quando atravessa um meio. Uma película semicondutora possui uma absorvância (A) que é o logaritmo comum do recíproco da transmitância (T);

$$A = \mathrm{Log}_{10}(T^{-1}) \qquad (2.6)$$

A absorvância é determinada diretamente a partir da medição dos espectros de absorção e as escalas dos instrumentos são frequentemente calibradas nesta unidade.

2.8.3 Reflectância(R)

A reflectância (R) de um material é a capacidade do material de refletir a energia incidente na sua superfície. É igual ao rácio entre a potência reflectida e a potência incidente quando a luz incide sobre uma superfície. A medição da reflectância(R) consiste na integração de todo o sinal refletido (dispersão+especular) num hemisfério.

A relação entre os espectros de reflectância (R), absorvância (A) e transmitância (T), que permite a conversão de energia, é dada por

$$A+T+R = 1 \qquad (2.7)$$

2.8.4 Coeficiente de absorção (α)

O coeficiente de absorção determina até que ponto uma luz de um determinado comprimento de onda pode penetrar antes de ser absorvida, é uma propriedade de um material que define a intenção com que um material absorve energia. É a medida da taxa de diminuição da intensidade de um feixe de fotões ou de partículas que atravessam uma determinada substância, quando aplicado à radiação electromagnética, às partículas atómicas e subatómicas. Há uma complicação no coeficiente de absorção que resulta da cláusula de diminuição da intensidade, pelo que o verdadeiro coeficiente de absorção tem de ser distinguido do coeficiente de dispersão.

O coeficiente de absorção (α) de um material constituído por uma intensidade incidente I_o, a intensidade luminosa que atravessa uma espessura (xμm) como I, de acordo com

Dwight, 1982; wooten, 1972 e Pankov, 1971 é

$$I = I_0 \exp(-\alpha X) \qquad\qquad (2.8)$$

O coeficiente de absorção (α) está também relacionado com o coeficiente de extinção K e com o comprimento de onda da radiação, λ (Wooten,1972) por

$$A = 4\pi k / \lambda \qquad\qquad (2.9)$$

2.8.4 Intervalo de energia (E)$_g$

O intervalo de banda (Eg) é um dos parâmetros importantes para a caraterização dos materiais. A transição de electrões da banda de valência para a banda de condução é responsável pela forma do espetro de absorção e pela dispersão perto do limite fundamental de absorção.

O hiato de banda mostra a diferença de energia entre o topo da banda de valência preenchida com electrões e a base da banda de condução desprovida de eleições.

Para que um eletrão possa saltar da banda de valência para a banda de condução, é necessária uma quantidade mínima de energia para a transição (Dharma, 2012). Assim, o intervalo de banda está diretamente relacionado com a condutividade eléctrica dos materiais. A transição eletrónica ou o "band gap" podem ser classificados como diretos ou indirectos. É direta sem a ajuda de fonões e sem alteração do momento cristalino de um eletrão, ao passo que é indireta quando a interação com fonões produz uma alteração considerável do momento cristalino se o comprimento de onda desse fotão for curto. Os vários tipos de transição têm diferentes dependências de frequência do coeficiente de absorção perto do limite de absorção fundamental (α) em relação à energia do fão (hv), de acordo com Chopra e Das, 1983; Ndukwe, 1996, é dado por

$$\alpha = A(hv-Eg)^{1/2} \text{ or}$$

$$\alpha^2 = hv - Eg \qquad (2.10)$$

Assim, um gráfico de α^2 contra hv dá uma linha reta. No entanto, os valores na região da borda de absorção caem para valores tão baixos que se torna difícil medir o caminho, o que se deve à transição de banda para banda. Quando o gráfico se desvia da região da linha reta, a extrapolação da parte da linha reta do gráfico para um ponto $\alpha^2 = 0$ dá a energia do intervalo de banda. Isto é determinado obtendo o comprimento de onda de corte λ_o , e utilizando a relação de acordo com Adian e Okeke, 2005; isto é,

$$Eg = hc / \lambda_o \qquad (2.11)$$

2.8.5 Relação Taucs

A determinação da energia do intervalo de bandas é vital para prever as propriedades fotofísicas e químicas dos semicondutores.

Em 1996, Tauc propôs um método para estimar a energia do intervalo de bandas dos semicondutores amorfos utilizando espectros de absorção ótica (Tauc *et al.,* 1966; Davis e Mott, 1970).

O método de Tauc baseia-se no pressuposto de que o coeficiente de absorção dependente da energia α pode ser expresso pela seguinte equação (Tauc *et al.*, 1966)

$$(\alpha h v)^{1/n} = A(hv - E_g) \qquad (2.12)$$

Onde h: constante de Planck, dada por 6,63 X 10^{-34} m kgs^{2-} 1, v frequência de vibração, α coeficiente de absorção, E_g intervalo de energia, A constante proporcional. O valor do expoente n denota a natureza da transição da amostra. Para uma transição direta permitida, n =1/2; para uma transição direta proibida, n = 3/2. Para uma transição indireta permitida, n = 2, para uma transição indireta proibida n = 3.

2.8.6 Relação Kubelka-Munk

A energia de bandgap (E_g) é uma caraterística importante dos semicondutores que determina a sua aplicação em optoelectrónica (*Boemareet al.*, 2001). A espetroscopia de absorção UV-Vis é frequentemente utilizada para caraterizar películas finas de semicondutores (Pal *et al.*, 1993). Devido à baixa dispersão em filmes sólidos, é fácil extrair os valores de EG dos espectros de absorção conhecendo a sua espessura. No entanto, em amostras coloidais, o efeito de dispersão é aumentado, uma vez que uma área mais superficial é exposta ao feixe de luz. Por outro lado, é comum obter amostras em pó em vez de filmes finos ou colóides, e frequentemente a espetroscopia de absorção UV-Vis é efectuada dispersando a amostra em meios líquidos como água, etanol ou metanol.

Se a dimensão das partículas da amostra

Se a amostra não for suficientemente pequena, precipita-se e o espetro de absorção é ainda mais difícil de interpretar. Para evitar estas complicações, é desejável utilizar a espetroscopia de reflectância difusa (DRS), que permite obterEg, de materiais sem suporte (*Bartonetal,* 1999).A teoria que torna possível a utilização de espectros DRS foi proposta por Kubelka e Munk(1931). Originalmente, eles propuseram um modelo para descrever o comportamento da luz viajando dentro de um espécime de espalhamento de luz.

O processo de obtenção do intervalo de banda utilizando o gráfico de Tauc e Kubelka-Munk:

A. O espetro de reflectância difusa adquirido é convertido para a função Kubelka-Munk. Assim, o eixo vertical é convertido para a quantidade $F(R\infty)$, que é proporcional ao coeficiente de absorção. O α na equação de Taucs é substituído por $F(R\infty)$. Assim, a expressão relacional passa a ser:

$$(hvF(R\infty))^{1/n} = A\ (hv - E_g) \qquad (2.13)$$

B. Usando a função de kubelka-Munk, o $(AvF(R\infty))^{vn}$ será traçado contra o *hv*. A unidade para hv é eV e a sua relação com o comprimento de onda (λnm) é hv = 1239.7/λ

C. É traçada uma linha tangencial ao ponto de inflexão da curva, e o valor hv no ponto de intersecção da linha tangente e do eixo horizontal é o valor Eg do intervalo de banda (Okpala *et al.,* 2012).

2.9 Constante ótica (n), condutividade ótica e constante dieléctrica (ε)

As constantes ópticas são o índice de refração (n) e o coeficiente de extinção (k).

Na reflexão normal, a reflectância (R), o coeficiente de extinção (k) e o índice de refração (n) de um semicondutor estão relacionados (Gittleman *et al.*, 1979; Ndukwe, 1996) por

$$R = [\,(n\text{-}1)^2 + K^2\,]\,/\,[\,(n\text{+}1)^2 + K^2 \qquad (2.14)$$

Na gama de frequências em que a absorção é fraca [$K^2 \ll (n\text{-}1)$], as medições da reflectância são dadas por;

$$R = \frac{(n-1)2}{(n+1)2} \qquad (2.15)$$

O coeficiente de extinção, de acordo com Gray, 1982, é definido por

$$K = \frac{\alpha\lambda}{4\pi} \qquad (2.16)$$

Condutividade ótica (δ)

A condutividade ótica é a propriedade de um material que dá a relação entre a densidade da corrente induzida no material e a magnitude do campo elétrico indutor. Está intimamente relacionada com a função dieléctrica.

A condutividade ótica σ é (Ezema et al. 2003):

$$\sigma = \frac{\alpha n c}{4\pi} \qquad (2.17)$$

A constante dieléctrica pode ser determinada da seguinte forma (Jai Singh 2006):

$$\varepsilon_r = n^2 - k^2$$

$$\varepsilon_i = 2nk$$

Sendo k o coeficiente de extinção.

CAPÍTULO 3: MATERIAIS E MÉTODOS

3.1 Materiais

1. Acetato de zinco

2. Tioureia

3. acetato de cupper

4. destilar água

5. trietanolamina/EDTA

6. citrato trissódico

7. amoníaco

8. lâmina de vidro para microscópio

9. Balança de pesagem

10. agitador/aquecedor magnético

11. béqueres/caixa de medição

12. Ácido HCL

13. agitador

14. fita adesiva

3.2 Metodologia

3.2.1 Preparação do substrato

A escolha do substrato e a limpeza da sua superfície é uma das primeiras condições prévias no processo de deposição de películas finas. Neste trabalho, foi utilizado um substrato de lâmina de vidro para a deposição de películas finas de ZnS:Cu. Antes da deposição, as lâminas de vidro foram imersas em ácido HCL durante 12 horas e depois lavadas com água destilada. As lâminas de vidro foram depois imersas em etanol e lavadas por ultra-sons durante 10 minutos. Além disso, as lâminas de vidro foram imersas em acetona e também lavadas por ultra-sons durante 10 minutos, depois enxaguadas com água destilada e secas.

3.2.2 Trabalho experimental

Filmes finos de ZnS foram depositados em substrato de lâmina de vidro utilizando a técnica de deposição por banho químico. A película fina de ZnS foi sintetizada a partir de uma solução contendo 25ml de acetato de zinco 0,33M (ZnC. | I l; ,O. |) e 8ml de citrato trissódico 0,25M (Na2C6H5O7) e 5ml de trietanolamina (C6H15O3) e agitada durante 10 minutos a 100 rpm usando agitador magnético, 25ml de 0,68M de tioureia foi adicionado e agitado durante 5 minutos. O pH da solução resultante foi ajustado para 10,5 utilizando 33% de amoníaco, gota a gota. A solução de deposição foi preparada sob agitação magnética contínua à temperatura ambiente. A temperatura do banho foi ajustada para 80° c, e os substratos de vidro limpos foram suspensos verticalmente pela tampa do copo. Após algum tempo, a solução incolor mudou para leitosa, indicando a formação do ZnS. As películas finas foram retiradas do banho após 120 minutos, lavadas com água destilada e secas à temperatura ambiente. Para a dopagem com Cu, foram adicionados 25 ml de acetato de cobre 0,01 M à solução acima referida e a temperatura do banho foi fixada em 80° c. A solução leitosa mudou para azul. As lâminas secas de ZnS foram suspensas verticalmente pela tampa do copo, após algum tempo a solução mudou para castanho escuro. As películas finas foram retiradas do banho após 2 horas e tratadas nas mesmas condições que as da película fina de ZnS correspondente.

3.3 Técnicas de caraterização

3.3.1 Medição da absorção e da transmissão

Os espectros de absorção e transmissão da película fina depositada foram realizados utilizando o espetrómetro JENWAY UV-vis. Foi utilizada uma lâmina não revestida como lâmina de referência. O comprimento de onda foi variado em unidades de 1 de 198 a 1100nm, tendo sido registadas as leituras correspondentes de absorvância e transmitância.

3.3.2 Determinação da energia do intervalo de banda ótica $(E)_g$

O intervalo de banda ótica das películas depositadas foi determinado utilizando a relação de Tauc dada como

$$\alpha = \frac{(h\nu - E_g)n}{h\nu} \quad (3.1)$$

em que α é o coeficiente de absorção linear, $h\nu$ é a energia do fotão, E_g é o intervalo de banda da película e n é a natureza da transição, que é 0,5 para um intervalo de banda e 2 para um intervalo de banda indireto.

Rearranjando a equação (3.1), obtém-se:

$$(\alpha h v)^{\frac{1}{n}} = hv - E_g \quad (3.1.1)$$

Traçando o gráfico de *(αhv)₁* em função de *hv,* a parte linear da curva extrapolada para

o eixo *hv* onde *(ahv)*^ é zero dá o intervalo de banda da película.

CAPÍTULO 4: RESULTADOS E ANÁLISE

4.1 Transmitância ótica

A transmitância da película fina Cu/ZnS foi medida utilizando o espetrómetro UV-vis na gama de comprimentos de onda de 198 a 1100 nm. A figura 3 mostra a transmitância ótica de Cu/ZnS. O gráfico indica que as películas apresentam uma boa aderência ao substrato com uma percentagem razoável de transmitância de 60% na gama UV. A partir de pesquisas anteriores, os filmes Cu/ZnS formados mostram absorção a 319 nm de comprimento de onda para nanofilmes de ZnS intrínsecos ou 336 nm para ZnS em massa (Srivastava, *et al* 2013). No entanto, a amostra sintetizada revisou uma absorção de aproximadamente 400 nm indicando um deslocamento para o vermelho que poderia ser atribuído ao tamanho do cristalito (Hile *et al.,* 2019). Este resultado corresponde à transmitância relatada por Sreedhar &Neelakanta Reddy 2016.

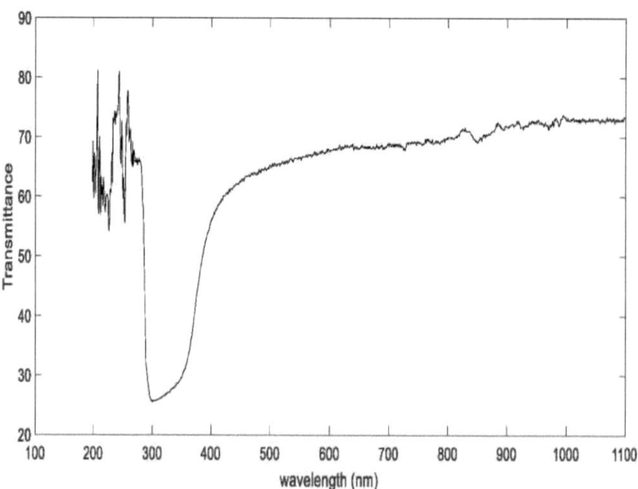

Fig 3: Transmitância da película fina Cu/ZnS.

4.2 Absorvância ótica

A absorvância das películas finas de ZnS dopadas com Cu foi determinada a partir do espetro de absorção utilizando o espetrómetro UV-vis com o comprimento de onda de 198 a 1100nm. A Fig. 4 mostra que os filmes finos têm seus picos máximos de absorção 0,20 au dentro da faixa de comprimento de onda de 300-400nm na região UV. A absorbância ótica dos filmes (20%) é semelhante aos valores relatados anteriormente por (*Ortíz-Ramoset al.*, 2014) e pode ser útil para aplicações de células solares.

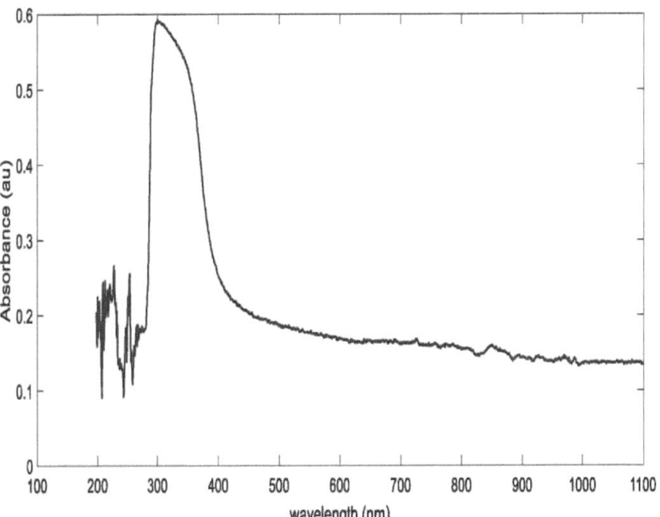

Fig 4: Absorção ótica da película fina Cu/ZnS.

4.3 Intervalo de banda

O intervalo de banda ótica da película depositada foi determinado através da extrapolação do ponto mais linear utilizando o gráfico de Tauc. A Fig. 5 mostra o intervalo de banda ótica da película fina depositada com um intervalo de banda de ~3,24

eV, que é adequado para aplicações em optoelectrónica.

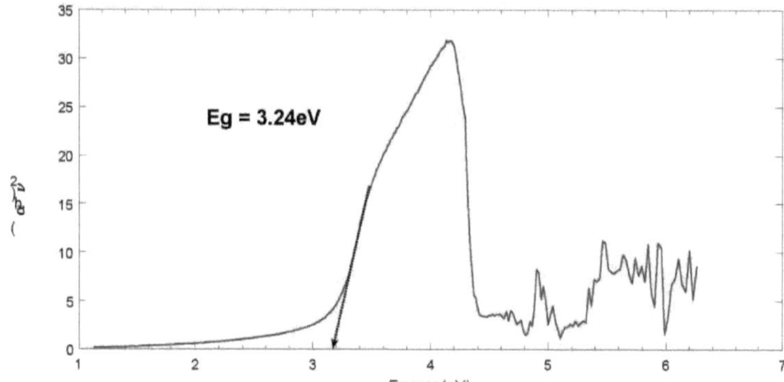

Fig 5: Intervalo de banda ótica da película fina Cu/ZnS.

CAPÍTULO 5: CONCLUSÃO E RECOMENDAÇÃO

5.1 Conclusão

As películas de ZnS foram dopadas com 25 ml de concentração de Cu 0,01M utilizando a técnica CBD. A solução aquosa de acetato de cobre foi incluída no banho químico formado por acetato de zinco, EDTA, $CS(NH2)2$, citrato trissódico, tioureia e amoníaco. A partir da análise do espetrómetro UV-vis, a energia do intervalo de banda foi determinada utilizando a relação de Tauc como sendo 3,24 eV. Os estudos mostraram que a energia do intervalo de banda da película Cu/ZnS diminui de 3,68 para 3,24eV. Este resultado implica que as películas finas com intervalos de bandas relativamente baixos são bons semicondutores que podem ser utilizados no fabrico de materiais electrónicos, tais como díodos, camadas tampão de janelas e painéis solares. Por outro lado, a transmitância das películas Cu/ZnS foi determinada como sendo de ~60%. A absorvância ótica da película tem os seus picos máximos de absorção a 0,20 au na gama de comprimentos de onda de 300-400nm na região UV, o que pode ser útil para aplicações em células solares.

5.2 Recomendação

A fim de explorar mais propriedades ópticas, eléctricas e estruturais da película fina de ZnS dopada com Cu, recomendo vivamente uma investigação mais aprofundada sobre a película fina de ZnS: Cu, de modo a maximizar as suas potencialidades.

Recomendo igualmente que a Universidade dote o departamento de equipamento adequado, como um difratómetro de raios X (para análise da estrutura cristalina) e um microscópio eletrónico de varrimento (SEM) para análise da morfologia da superfície, a

fim de ajudar os investigadores a efetuar análises das propriedades ópticas e estruturais.

REFERÊNCIAS

S . M. Chavan, M.K. Babrekar, S.S. More, K.M. Jadhav,

Propriedades estruturais e ópticas de filmes finos de ferrite Ni--Zn nanocristalina,

Journal of Alloys and Compounds, Volume 507, Edição 1, 2010, Páginas 21-25, ISSN 0925-8388.

JBorah, K Sarma - Actaphysicapolonica A, 2008.

Madelung, O. Semiconductors other than Group IV Elements and IIIV Compounds. Berlim: Springer 1992; 26--27.

Nikzad, M., Khanlary, MR & Rafiee, S. Propriedades estruturais, ópticas e morfológicas de filmes finos de ZnS dopados com Cu sintetizados pelo método sol-gel. Appl. Phys. A 125, 507 (2019).

A. Fukuoka, J. I. Kimura, T. Oshio, Y. Sakamoto e M. Ichikawa, J. Am. Chem. Soc. extbf129, 10120 (2007).

I. I. Slowing, B. G. Trewyn, S. Giri, e V. S. Y. Lin, Adv. Funct. Mater. 17, 1225 (2007).

Nien, Y.T.; Chen, I.G. Luminescência do pó de ZnS:Cu,Clphosphor excitado por fotões, um campo elétrico e raios catódicos. ECS Transactions 2009, 19, 1-6.

Yang, P.; Lu, M.; Xu, D.; Yuan, D.; Zhou, G. Síntese e caraterísticas de fotoluminescência de nanopartículas de ZnS dopadas. Applied Physics A 2001, 73, 455-458.

Murugadoss, G. (2013) Síntese e Propriedades de Fotoluminescência de Nanopartículas de Sulfeto de Zinco Dopadas com Cobre Usando

Surfactantes Eficazes. Particuology , 11, 566-573. https://doi.org/10.1016/j.

T . T. Nguyen, X. A. Trinh, L. H. Nguyen, T. H. Pham, Adv Nat Sci NanosciNanotechnol 2011,

2, 035008.

S.Ummartyotin, N.Bunnak, J.Juntaro, M.Sain, HManuspiya, Solid State Sci 2012, 14, 299.

Akhtar, M.S., Alghamdi, Y.G., Malik, M.A., Khalil, R.M.A., Riaz, S. e Naseem, S. (2015) Estudos estruturais, ópticos, magnéticos e semi-metálicos de filmes finos de ZnS dopados com cobalto depositados por deposição em banho químico. Journal of Materials Chemistry C, 36755-6763.

Viswanath, R., Seethya, H., Naik, B., Somalanaik, Y.K.G., et al. (2014) Estudos sobre caraterização, absorção ótica e fotoluminescência de nanopartículas de ZnS dopadas com ítrio. Jornal de Nanotecnologia, 2014, Artigo ID: 924797.

Fang, X.; Zhai, T.; Gautam, U.; Li, L.; Wu, L.; Bando, Y.; Golberg, D. ZnS nanostructures: from synthesis to applications. Progresso em Ciência dos Materiais 2011.

Shinde MS, Ahirrao PB, Patil IJ, Patil RS. Estudos sobre filmes finos de ZnS nanocristalinos preparados pelo método de deposição por banho químico modificado. Jornal Indiano de Física Pura e Aplicada. 2011;49(11):765-768.

E. Schlam, Proc. IEEE 61, 894 (1973).

L. Sun, C. Liu, C. Liao, C. Yan, J. Mater. Chem. 9, 1655 (1999).

Al-Rasoul, K.T.; Abbas, N.K.; Shanan, Z.J. Caracterização estrutural e ótica de nanopartículas de ZnS dopadas com Cu e Ni. Revista Internacional de Ciência Eletroquímica 2013, 8, 5594-5604.

Liao, J.; Cheng, S.; Zhou, H.; Long, B. Filmes finos de ZnS dopados com Al para camadas tampão de células solares preparadas por deposição de banho químico. Micro & Nano Letters 2013, 8, 211-214.

G. Hodes, Semiconductor and ceramic nanoparticle films deposited by chemical bath deposition, Phys. Chem., 9,

P. P. Hankare, S. D. Delekar, M. R. Asabe, P. A. Chate, V. M. Bhuse, A. S. Khomane, K. M. Garadkar, B. D. Sarwade, Síntese de películas finas de seleneto de cádmio a baixa temperatura por via química simples e sua caraterização, J Phys Chem Solids, 67, 2506-2511, 2006.

Al-Rasoul, K.T.; Abbas, N.K.; Shanan, Z.J. Caracterização estrutural e ótica de nanopartículas de ZnS dopadas com Cu e Ni. Revista Internacional de Ciência Eletroquímica 2013, 8, 5594-5604.

D. E. Ortíz-Ramos, L. A. González, R. Ramirez-Bon, Mater Lett 2014, 124, 267.

Gashaw Hone, Fekadu e Abza, Tizazu (2019) "Breve revisão dos fatores que afetam o método de deposição por banho químico para filmes finos de calcogeneto de metal", International Journal of Thin Film Science and Technology: Vol. 8 :Iss. 2, Artigo 3.

Bode, D. E. (1966). Physics of Thin Films (3), Academic Press, Nova Iorque.

Bian, Z. Q., Xu, X. B., Chu, J. B., Sun, Z., Chen, Y. W. e Huang, S. M., Study of chemical bath deposition of ZnS thin films with substrate vibration, Surf. Rev. Lett.,

15(06), 821-827 (2008).

Gallanti, S., Loones, N., Chassaing, E., Bouttemy, M., Etcheberry, A., Hildebrandt, T., Lincot, D. e Naghavi, N., Deposição fotoquímica de camadas tampão de ZnS para células solares de película fina Cu (In, Ga) Se2 através de soluções reutilizáveis, In: 2016 IEEE 43rd Photovoltaic Specialists Conference (PVSC). IEEE, 1494-1497 (2016).

González-Chan, I. J., González-Panzo, I. J. e Oliva, A. I., Síntese de filmes finos de ZnS por banho químico: Da temperatura ambiente a 90°C, J. Electrochem. Soc., 164(2), D95-D103 (2017).

Ezema, F. I. Okeke, C. E. (2003). Greenwich J.Sci. Tech. 3 90-109.

Ndukwe, I.C. (1992). Tese de doutoramento não publicada Universidade da Nigéria, Nsukka.

Chopra, K. L. e Das, S.R. (1983). Thin film Solar Cells. Plenum Press, Nova Iorque.

Salim, S. M., Eid, A. H., Salem, A. M. e Abou Elkhair, H. M., Filmes finos de ZnS nanocristalino pelo método de deposição por banho químico e sua caraterização, Surf. Interface Anal., 44(8), 1214- 1218 (2012).

Patel, A. J. e Khatri, R P., Efeito do pós-recozimento em filmes finos de ZnS depositados pela CBD. Efeito do pós-recozimento em filmes finos de ZnS depositados em CBD (2018). Prabahar, S., Suryanarayanan, N. e Kathirvel, D., Estudos eléctricos e de fotocondução em películas finas de sulfureto de cádmio depositadas em banho químico, Chalcogenide Lett., 6(11), 577-581 (2009a)

Khatri, R. P., A Comprehensive review on chemical bath deposited ZnS thin film, Int. J. Res. Appl. Sci. Eng. Technol., 6(3), 1705-1722 (2018).

P. K. Nair, M. T. S. Nair, V. M. Garcı, 'F. O. L. Arenas, A. Castillo, Y. Pe~na, O. Gomezdaza, I. T. Ayala, J. Campos, A. S'anchez, R. Su'arez, H. Hu, and M. E. Rinc'on, Sol. Ener. Mat. Solar Cells, 52, 313 (1998).

S. Muthukumaran, M. Ashok kumar, Propriedades estruturais, FTIR e fotoluminescência de filmes finos de ZnS: Cu pelo método de deposição por banho químico. Mater. Lett. 93, 223-225 (2013)

Corrado, C.; Jiang, Y.; Oba, F.; Kozina, M.; Bridges, F.; Zhang, J.Z. Síntese, propriedades estruturais e ópticas de nanocristais estáveis de ZnS: Cu, Cl. Journal of Chemical Physics A 2009, 113, 3830-3839.

. M. H. Al-Jawad, F. H.Alioy, Cinética de crescimento e caraterização estrutural de filmes finos de Cdl-X ZnxS sintetizados pelo método CBD, Eng. & Tech. Journal, 31, 505519, 2013.

P. O'Brien, J. McAleese, desenvolvimento de uma compreensão dos processos que controlam a deposição por banho químico de ZnS e CdS, J. Mater. Chem., 8, 2309-2314, 1998.

Carrillo-Castillo, R. C. A. Lazaro, E. M. L. Ojeda, C. A. M. Perez, M. A. Quevedo-Lopez, F. S. AguirreTostado, Characterization of CdS thin films deposited by CBD using novel-complexing agents, Chalcogenide Letters, 10, 421, 2013.

P. P. Hankare, S. D. Delekar, M. R. Asabe, P. A. Chate, V. M. Bhuse, A. S. Khomane, K. M. Garadkar, B. D. Sarwade, Síntese de películas finas de seleneto de cádmio a baixa temperatura por via química simples e sua caraterização, J Phys Chem Solids, 67, 2506-2511, 2006.

M.A. Barote, A.A. Yadav, E. U. Masumdar, *Efeito dos parâmetros de deposição no crescimento e caraterização de filmes finos de Cd1-xPbxS depositados quimicamente, Chalcogenide Letters, 8, 129-138, 2011.*

R. S. Mane, C.D. Lokhande, *Chemical deposition method for metal chalcogenide thin films, Mater Chem Phys., 65, 1-31, 2000.*

P. K. Nair, M. T. S. Nair, V. M. Garcia, O. L. Arenas, Y. Pen, A. Castillo, I. T. Ayala, O. Gomezdaza, A. Sanchez, J. Campos, H. Hu, R. Suarez, M.E. Rinco, *Semiconductor thin films by chemical bath deposition for solar energy related applications, Sol EnergMat Sol C., 52, 313-344, 1998*

J. Tauc, R. Grigorovini e A. Vancu, *phys. Stat. sol. 15, 627 (1966).*

D.D Hile, Swart, H.C., Victor, S., Motaung, T.E. & Fortune, L. *Physica B: Physics of condensed matter structural, morphological and optical studies of zinc selenide(ZnSe) thin films synthesized at different time intervals deposition using photo-assisted chemical bath deposition technique. Phys. B Phys. Condens. Matter 575, 411706(2019).*

Srivastava, R. K., Pandey, N. & Mishra, S. K. *Efeito da concentração de Cu nas propriedades de fotocondutividade das nanopartículas de ZnS sintetizadas pelo método de co-precipitação. Matter. Sci. Semicond. Process. 16, 1659-1664(2013).*

Printed by Books on Demand GmbH, Norderstedt / Germany